U0380773

大豆品种DUS测试
操作手册

李冬梅 韩瑞玺 等／著

中国农业出版社
农村读物出版社
北 京

著者名单

李冬梅　韩瑞玺　李　铁　邓　超

王翔宇　孙铭隆　张凯浙　高凤梅

赵远玲　孙连发　杨雪峰　孙　丹

前 言
Foreword

　　大豆起源于中国，品种类型跨越中国多个生态区，广泛栽培种植于世界各地，为人类和动物提供优质的蛋白质和油料，是重要的粮食作物。品种 DUS（Distinctness、Uniformity and Stability 简称 DUS，即特异性、一致性和稳定性）测试是农业知识产权中品种权保护的重要依据，也在品种权纠纷案件处理中发挥了重要作用。DUS 测试是品种权授权过程中的关键技术环节。

　　2018 年，《植物品种特异性、一致性和稳定性测试指南　大豆》（GB/T 19557.4—2018）正式发布实施。其中，涉及了 32 个基本性状和 12 个选测性状以及多个性状的表达状态。由于我国大豆品种跨越多个生态区，不同生态区的品种在一些性状表达上存在或多或少的差异，导致使用测试指南时，在性状表达状态的理解上也存在一些偏差。因此，需要一套完整的性状表达状态图例和解释，以更清晰指示出性状的确切表达状态，从而起到更好的规范和统一作用。本书是《植物品种特异性、一致性和稳定性测试指南　大豆》的补充说明，包含了对大豆品种进行 DUS 测试的基本流程和性状表达状态的划分参考标准。本书部分内容为针对哈尔滨市测试地点的自然环境条件提出，其他测试地点可根据各自实际情况参照使用。

　　2020 年，植物新品种保护办公自动化的新管理系统正式启用，开始了植物新品种测试全流程的网上办公。这套系统服务于多个用户，主要包括 DUS 测试的申请者、从事大豆 DUS 测试的技术人员、测试机构的审批员和总中心的审查员以及管理员。对于这套系统，大多数的用户都能够很好使用。但是，由于申请者来自不同领域，各自的情况千差万别，一些申请者不能完全理顺操作流程，也有申请者对一些流程细节理解不同或没有重点关注，导致使用过程中出现诸多问题，这种状况极大地增加了受理工作的工作量和难度。基于使申请者能够更清晰明确地使用这套办公系统的理由，本书增加了对办公系统简化版的申请流程以及需要特别注意之处的内容阐述。办公自动化管理系统是一个不断完善和改进的系统，本书主要起到理顺操作流程和关键注意事项的提醒作用，不作为绝对的细节标准使用。申请系统中已给出了详细的申请说明，因此本书中一些具体流程的使用应结合《委托注册备案用户手册》《委托在线申请用户手册》等联合使用。

本书的出版得到了"农业科技创新跨越工程""委托测试品种DUS测试"等多个项目的支持。

本书在撰写过程中历时较长又历经多次修改，难免存在一些疏漏之处，敬请读者谅解。

著　者

2022年6月15日

目　录
Contents

前言

第1部分　大豆品种DUS测试操作流程 ·················· 1

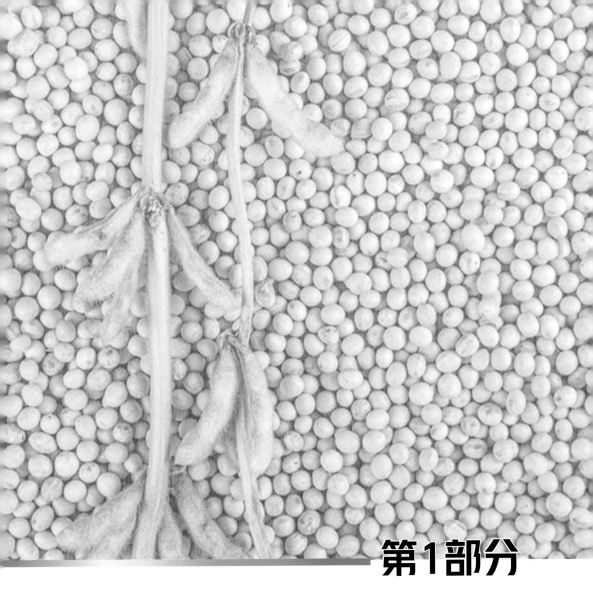

第1部分

大豆品种DUS测试
操作流程

1 测试材料的接收及相关处理流程

农业农村部科技发展中心植物新品种测试中心哈尔滨测试分中心（以下简称分中心）大豆测试材料的来源分为三类：第一类是品种保护DUS测试任务，第二类是农业农村部委托的DUS测试任务，第三类是分中心接收社会委托的DUS测试任务。第一类由农业农村部科技发展中心植物新品种保护办公室下达任务，第二类由农业农村部科技发展中心测试处下达委托任务，第三类是分中心承接的社会各界（包括事业单位、企业单位、个人）的委托任务。

1.1 品种保护DUS测试任务及材料接收

由农业农村部植物新品种保护办公室下达大豆品种DUS测试任务，任务文件和测试种子（繁殖材料）一般以邮寄的方式交给哈尔滨测试分中心。分中心负责人安排办公人员及时领取邮包，由主管大豆测试的负责人第一时间对测试种子进行检查和核对，检查内容包括种子袋是否完整无破损、种子袋上的品种编号(或保藏编号)是否与下达的测试品种清单相符合、种子清单是否与植物新品种保护办公自动化系统中下达的清单相符合、种子袋上的编号是否清晰可辨别、种子数量和质量是否满足测试需要、有无缺少或多出的种子等。现场核对人员至少为2人，至少核对2遍。如果发现问题，第一时间与农业农村部科技发展中心植物新品种测试中心主管大豆测试的审查员联系，确定补发时间和问题解决方案，待全部测试种子收齐后，核对正确，由分中心负责人和分中心大豆测试负责人在领种清单及副本上签名，将清单副本寄回测试处备案，领种清单作为档案资料在分中心备案保存。

1.2 农业农村部委托的DUS测试任务及材料接收

该部分任务材料的接收流程与品种保护DUS测试任务材料的接收流程一致，只是相关问题的反馈及解决方案要与农业农村部主管委托测试的人员联系处理。

1.3 社会委托的DUS测试任务及材料接收

由委托人登录委托DUS测试在线申请受理系统（申请）网址http://202.127.42.202/testsys，根据《植物品种测试信息数据服务平台委托测试

在线申请受理系统用户操作手册》的使用说明，提交申请，分中心主管人员进行受理通过，同时，签订委托技术服务协议并按照测试要求提交繁殖材料。

1.4 社会委托DUS测试任务的主要申请流程

委托单位人员或委托人登录http://202.127.42.202/testsys/system/login，打开委托测试在线申请系统登录页面（图1-1，因系统升级，页面可能略有不同），首次使用需要先进行注册、备案。

图1-1 委托测试在线申请系统页面

按照测试员发送的《委托注册备案用户手册》的使用说明，以单位或个人的名义凭有效证件注册备案，提交相关材料进行单位或个人的注册（图1-2，因系统升级，页面可能略有不同），注册信息经农业农村部科技发展中心植物新品种测试中心相关备案管理人员进行审核，审核通过后，申请人的注册邮箱会收到一封审核结果邮件，点击邮件的链接，激活账号（图1-3，因系统升级，页面可能略有不同），在委托测试在线申请系统中获得管理员账号（图1-4，因系统升级，页面可能略有不同）。

图1-2 申请人系统注册备案页面

登录邮箱、查收邮件。

图1-3　申请人邮箱收到审核通过的邮件

图1-4　在线申请系统中获得管理员账号

当审核不通过时，申请人的注册邮箱会收到一封审核结果邮件（图1-5，因系统升级，页面可能略有不同）。同时，系统也会提示备案不通过原因，需要申请人修改信息后再次提交审核（图1-6，因系统升级，页面可能略有不同）。

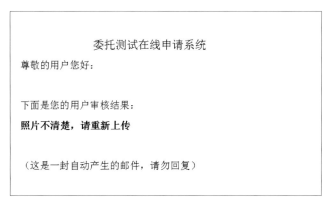

图1-5　申请人邮箱中收到审核不通过的邮件

图1-6 在线申请系统中审核不通过页面

一次注册备案可永久使用系统。因此，非首次使用系统的申请者，可以直接输入已注册备案的账号密码登录使用系统。通过注册备案获得的账号为管理员账号，管理员账号用于管理和创建本单位或本机构的分支部门的子账号或个人的子账号，一个单位或个人的管理员账号可以自行创建无限个本单位或个人的子账号，新创建的子账号才可以申请委托测试，而管理员账号无权申请委托测试。申请单位或个人根据法人证书和机构代码证书或个人身份证获得的账号具有唯一性，每个单位或个人要妥善保管自己的管理员账号以及子账号和密码，尽量避免发生遗忘或丢失等情况，以保证申请工作的顺利进行。一旦发生遗忘或丢失用户名和密码的情况，优先使用的方法是去备案时使用的注册邮箱里找用户名，然后再登录界面找回自己的密码。备案时，系统会发送激活信息，在激活信息之后会出现"农业品种权在线申请系统账号激活信息"，上面有用户名称。

所有申请人提交的注册备案审核只做一次，审核通过后如申请人修改备案信息，只需编辑后保存即可，不需要再次审核。

申请人根据测试分中心主管测试人员分发的《植物品种测试信息数据服务平台委托测试在线申请受理系统用户操作手册》的使用说明，打开操作手册中规定的符合要求的浏览器，输入委托DUS测试在线申请受理系统（申请）网址http://202.127.42.202/testsys，打开网页。申请人根据自己的子账号和密码，登录系统，默认进入首页，首页由"快捷方式"和"待办事项"构成，点击快捷方式下的各项，可快速进入对应模块（图1-7，因系统升级，页面可能略有不同）。

按照测试员发送的《委托在线申请用户手册》的说明，在对应的模块内逐项填写相关内容，填写完毕提交申请，等待受理。如有异常情况，及时与联系人联系处理。

申请人在系统里提交材料的过程中，如果出现"提示失败 品种名[××××]：缺少技术问卷信息；"（图1-8，因系统升级，页面可能略有不

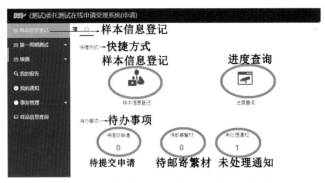

图1-7　申请人的委托测试在线申请系统页面内容

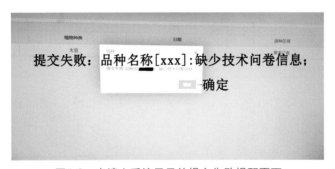

图1-8　申请人系统显示的提交失败提醒页面

同)，请申请人仔细查看是否如信息提示的那样缺少技术问卷信息。如果缺少，请补充完整后再提交；如果并没有缺少技术问卷信息，请仔细检查其他品种信息是否完整和正确。当所有品种信息填写都无误，依然不能提交申请，请申请人退出登录。重新登录后，重新建立新的该品种申请信息进行提交。

1.5　关于续测

续测指的是已经完成DUS的第一生长周期测试的材料，根据申请人需要，再次对该材料进行第二生长周期的DUS测试，或者已经完成第一和第二生长周期的DUS测试，申请人还需要申请第三生长周期的DUS测试，即完成第一生长周期测试的，需要再次提交测试申请的，都称为续测。在这里，着重对续测进行说明，因为在系统的使用过程中，许多申请人不知道续测的操作流程，多次出现续测相关问题。如果该材料没有完成过第一生长周期的测试，不要对该品种点击第二生长周期的续测申请；如果该材料没有完成过第二生长周期的测试，不要对该品种提起第三生长周期的续测申请。

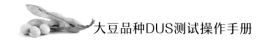

相关的续测具体操作流程，请参照《植物品种测试信息数据服务平台委托测试在线申请受理系统用户操作手册》的使用说明进行操作。

1.6 分中心负责人和测试员对社会委托品种信息化材料的审核受理流程

申请人通过"委托在线申请系统"提交品种测试申请后，分中心大豆测试员可以登录"EasyConnect"客户端，用信息化管理员分发的账号和密码，进入系统页面（图1-9，因系统升级，页面可能略有不同）。

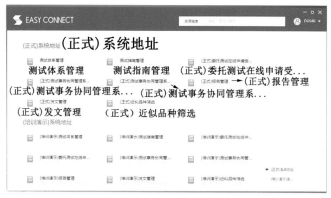

图1-9 分中心测试员账号下的页面显示

然后，点击"委托测试在线申请受理系统（受理）"项，出现如下界面（图1-10，因系统升级，页面可能略有不同），再次通过管理员分发的用户名和密码，登录进入"委托DUS测试在线申请受理系统（受理）"页面。

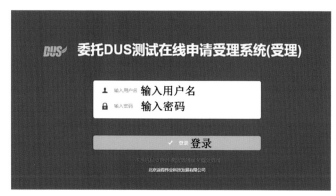

图1-10 分中心测试员账号下的受理系统登录页面

在"委托DUS测试在线申请受理系统（受理）"页面，按照《植物品种测试信息数据服务平台测试事务协同管理系统用户操作手册》的使用说明，在该页面完成"委托第一周期测试"和"申请续测"的任务的审核受理工作（图1-11，因系统升级，页面可能略有不同）。

图1-11　分中心测试员账号下的受理系统内容页面

1.7　申请人查询结果

在等待受理的过程中，申请人可随时登录"委托测试在线申请系统"，在"第一周期测试"栏里"申请测试"一项查看申请材料信息情况（图1-12，因系统升级，页面可能略有不同），在"已提交委托管理"中，填写"委托号"或者"品种名称"，点击"查询"，能够看到申请人委托的品种的测试状态。当测试状态为"待受理"时，说明该品种已经提交到系统中，申请人只需要耐心等待测试机构受理。

图1-12　申请人在系统中提交材料后的信息查看页面

在受理通过后，申请人可以用自己的用户名和密码登录委托DUS测试在线申请受理系统（申请）网页http://202.127.42.202/testsys（图1-13），查看每个品种是否通过受理的信息。受理通过后，相关品种信息在"我的通知"界面会有"已受理"显示。

图1-13 申请人系统中材料受理通过后的信息查看页面

在委托测试结束后，申请人也可以在http://202.127.42.202/testsys系统中查询自己的"测试报告"。

1.8 大豆繁殖材料的要求

下发或提交的大豆繁殖材料要求为种子材料，测试种子应外观健康、活力高、无病虫侵害，材料质量符合GB 4404.2的规定。同时，提交的繁殖材料一般不进行任何影响品质性状正常表达的处理，如果已处理需提供处理的详细说明。另外，提交的繁殖材料需符合中国植物检疫的有关规定。一般来说，具体质量要求为净度≥98%、品种纯度≥98%、发芽率≥85%、含水量≤12%。在提交种子的过程中，申请人要注意提交的时间和种子数量、包装完整、标识情况等。申请人要按照相关机构的要求按时足量提交种子，包装一定要结实，避免因包装不结实导致的混杂或遗漏。标识一定要清晰，标识或品种名称与委托（申请）文件要一致。哈尔滨分中心接收大豆种子材料数量要求为750～1 000g（小粒豆可适当减少），仅在第一申请周期提交一次，第二或第三申请周期不需要重复提交种子。

1.9 待测样品的处理及存放

分中心接收到待测种子之后，将展开检查核对工作。全部核对无误后，将待测种子进行登记，并制定大豆品种DUS测试样品登记表，表头为"××××分中心××××年度大豆品种DUS测试样品登记表"，表格内容包括序号、田间种植编号（可选项，该项也可以通过田间调查查询）、申请品种名称、近似品种名称（没有提供近似品种的可以不要该项）、品种类型、测试周期、种子数量、提交单位或个人、联系人及电话等（表1-1）。登记完成后，按照已经制定好的田间种植计划，为测试种子编写田间种植编号。

表1-1　××××分中心××××年度大豆品种DUS测试样品登记表

登记日期：　　年　月　日　　　　　　　　　　　　　　　　　登记人：

序号	田间种植编号（可选项）	申请品种名称	近似品种名称（可选项）	品种类型	测试周期	种子数量	提交单位/个人	联系人	联系电话	备注

按照当年田间种植计划顺序，对新收到的种子进行顺序编号并分装。分装工作由测试员带领进行，分装的种子袋由测试员亲自书写。在分装过程中，由2名工作人员依次核对分装袋与原始种子袋的标签是否一致。对于下发的种子，共分装4份，2份当年需要小区种植的种子，2份在第二生长周期需要小区种植的种子；对于社会委托测试分中心的种子，共分装5份，2份当年需要小区种植的种子，2份在第二生长周期需要小区种植的种子，1份用于分子标记筛选近似品种的种子。无论是下发的种子还是社会委托的种子，分装之后剩余的全部种子不再分装，按照下发或申请人提交时的原包装按顺序放于种子框中，框体两头悬挂标签，标签清晰显示每框中存放的顺序号范围、类别（农业农村部保护、农业农村部委托或者哈尔滨分中心委托测试）、××××年第××生长周期的大豆种子、第××框，共××框字样。分装好的用于第二生长周期种植的2份种子，按顺序放于种子框中，框体两头悬挂标签，标签清晰显示每框中存放的顺序号范围、××××年第××××生长周期的大豆种子、第××框，共××框字样，单独存放，等到第二生长周期时，根据申请人续测与否提取种子，并与当年第一生长周期的种子一起重新进行田间顺序编号，进行田间种植。为了节约资源，已分装好的1份分子标记筛选近似品种的种

子，在完成第一生长周期测试后，根据申请人是否续测来确定是否进行分子标记筛选近似品种工作。需要续测的材料，将进行分子标记法筛选近似品种。原始包装的种子用于留样保存，以备用作新品种的近似品种或其他状况使用。所有非当年种植的种子材料放于−15℃低温储存。

2 实验设计及准备

2.1 测试方案的制订

测试人员根据大豆生长栽培特点和大豆DUS测试指南要求，制订田间种植方案和测试方案，包括测试品种田间种植顺序、田间实验设计、田间种植平面图、栽培管理措施、测试方法、测试数据记录表、一致性不合格或其他情况记录表、工作记录表等。大豆测试周期一般为两个独立的生长周期，鉴于特异性、一致性和稳定性判定需要年度间的数据支撑和测试员的专业水平支撑，推荐进行连续两周期测试，不建议隔年测试。

2.2 播种种子的准备工作

按照田间种植计划，为将要进行种植的品种编制顺序序号，之后对测试种子按照小区用量进行分装，分装过程由主要测试人员参与完成，仅对第一次提交申请或下发的种子进行分装，一次分装用于两个生长周期使用，当需要进行第三或第四周期测试时，提取原始包装存样的种子再进行分装。将第一和第二或第三生长周期的种子按种植顺序排放，排放时按编号顺序将种子摆放在种子箱内，按照田间每个区组所能安排的材料总数，对每个种子袋小区区号顺序进行编写。编写好之后进行核对工作，核对完成后，对每个区组的所有种植种子袋用线按照小区区号顺序串联成串，穿线完成后，进行核对工作，核对完成后，在播种前，将种子存放在阴凉避光的房屋内，以备播种时使用，避免无关人员接触。

2.3 近似品种的筛选

近似品种可以依据品种类型、指南分组性状、品种性状描述、品种性状照片等进行筛选。农业农村部下达的保护或委托测试任务，根据《植物品种测试信息数据服务平台委托测试在线申请受理系统用户操作手册》的使用说明，利用办公系统平台中"近似品种筛选"功能实现，筛选到的近似品种相关信息提交给测试中心审查员，由测试中心审查员核对后，根据提种流程提取种子，下发给分中心，用于田间种植调查。对于社会委托的测试材料，首次种植时，根据申请人提供的技术问卷进行第一次筛选。第一生长周期结束后，采用分子标记筛选法及办公系统平台中"近似品种筛选"法结合起来进行第二次筛选，筛选到的近似品种由分中心种子保藏库中提取种植。分中心种子保藏库中没有的材料，通知申请人，由申请人提供。申请人也无法提供的，联系品种育成人协商提供。实在无法提供的，出具测试报告时，测试报告中将会注明相关情况。在出具测试报告前，对利用办公系统平台中"近似品种筛选"功能，对申请品种进行第三次近似品种筛选。

2.4 实验地准备

（1）选地。选择适宜大豆生长的前茬地，如小麦、马铃薯等种植地块。大豆不要重茬或迎茬种植，同时要求土地平整、肥力均匀。自然条件下应能保证测试品种植株的正常生长及其性状的正常表达。

（2）整地。深翻地30～40cm，重耙耙细，连环耙将土层耙平。用五铧犁深翻土壤25cm，起垄、施肥同时进行。施肥量可根据土壤肥力调节，一般施二氨和尿素混合肥，其N：P_2O_5为1：1.2，每亩*施肥量为15～17.5kg。如果前茬作物施肥量较大，土地比较肥沃，后茬种植大豆时可不施肥。在东北地区，最好采用秋整地。秋整地的好处是，经过一个较长的冬季，第二年春季土壤墒情更好，更适宜春播。

（3）划地。在田间设计已经完成之后，于播种的前几天，按照绘制完成的田间种植平面图，对整理好的地块进行划区，同时在每个小区插上标牌，标牌上写明小区编号。划地完成后，实验地块的田间布置和小区排列顺序应该与田间种植平面图完全一致。

2.5 田间设计

田间实验设计要考虑多个因素，包括实验地点、地块面积、实验地土质、前茬作物、区组划分、小区面积、行距、株距、行数、种植方式、每行种植株数、实验重复次数、标准品种种植设计、近似品种的顺序、田间管理设施等。

实验地一般采用垄作（也可以采用平播）。为了便于调查观测，大豆种植通常采用申请品种与近似品种相邻种植的方式。当近似品种较多时，近似品种

---

* 亩为非法定计量单位，1亩＝1/15公顷。

小区均匀排列在申请品种两侧。标准品种和测试品种要种在同一个地块里，小区顺序为蛇形排列，四周设有保护行，避免边际效应，每个测试小区至少设置两次重复，小区株数等参照测试指南的要求。

示例：实验地小区采用垄作，申请品种和近似品种相邻种植，四行区，行长3.5m及以上均可，区道1～1.5m，小区株数175株及以上，根据行长进行调整，2次重复。小区种植顺序采用蛇形排列，种植材料顺序号头尾相接，四周一般设有保护行4～6垄，当实验地面积较小时，左右至少要设置2垄保护行，前后要设置3～5m保护行。因为一般靠近地头的小区长势较弱的概率较高（与整地有关，机械整地时会在地头附近转向及收起整地机械），所以两头尽量设置稍长一点的保护行，保护行大豆要选择晚熟品种，株高不要太矮，一般在1m以上。

种植方式：单粒点播。

株距：7～8cm。

垄距：65cm。

2.6　种植排列单的编写

表头为"××××年度大豆DUS测试品种田间种植排列清单"。内容包括序号、田间区号、品种名称、测试编号、保藏编号、垄数或面积、区组间或小区间的间隔材料或品种、间隔材料或品种垄数或面积、保护行垄数或面积等（表1-2）。

表1-2　××××年度大豆DUS测试品种田间种植排列清单

序号	田间区号	品种名称	测试编号	保藏编号	垄数或面积	区组间或小区间的间隔材料或品种	间隔材料或品种垄数或面积	保护行垄数或面积（前后左右）	田间入地起始方向

通过使用分组性状，在同一类型品种中，选择与申请品种一起种植的近似品种，并把这些近似品种进行分组以方便特异性测试。

大豆DUS测试分组性状如下：

（1）下胚轴：花青苷显色。

（2）茎：茸毛颜色。

（3）复叶：小叶形状。

（4）花：花冠颜色。

（5）植株：结荚习性。

（6）成熟期。

（7）种子（仅适用于单色种皮品种）：种皮颜色。

（8）种脐：颜色。

2.7 性状调查账簿的制作

根据《植物品种特异性、一致性和稳定性测试指南 大豆》（GB/T 19557.4—2018）附录A.1大豆基本性状表中的32个性状作为调查表的全部性状设置，根据测量性状和观测性状划分为两份账簿：一份账簿全部为观测性状，一份账簿全部为测量性状。在观测性状账簿中，除了设置性状表中规定的基本观测性状之外，测试员可以根据实际需要设置额外需要了解的信息或性状，如性状表中没有的出苗情况、涉及图片拍摄需要的相关信息以及备注等选项。在观测性状账簿的背面，可以设置两年测试的一致性调查情况表以及其他情况表，用于满足测试过程中出现的需要记录或注意的情况。无论是观测性状账簿还是数量性状账簿，都需要设置表头、田间种植序号、测试编号、品种名称、保藏编号等信息，表头要体现年度和作物种类，最好能体现性状类别，其他文字可以根据测试员习惯自行调整，比如"××××年大豆观测性状或目测性状调查表或调查账"（可根据调查人习惯自行制作，统一历年格式），最后需要对账簿页码进行设置，一般设置为"第××页，共××页"或类似设置。这种设置可以计算出测试材料的总数，以避免账簿在制作过程中出现信息丢失没有发现等情况。

3 实验实施

3.1 播种

事先将准备好的种子包按田间排列种植清单上的顺序排放在种子箱内，写上对应的小区编号。播种前，按照田间种植图标示的道路分组，将种子箱排列到对应的区组位置，按照田间排列种植清单的区号顺序播种。播种采用人工点播的方式进行，播种后进行镇压，保证出全苗、齐苗。每个实验重复应保证在1d内完成播种。应注意的是，在小区播种时，应首先确认种子袋上的区号和品种代码完全与播种小区标牌一致后再进行播种，此项工作由专人核对。

3.2　调查

根据《植物品种特异性、一致性和稳定性测试指南　大豆》(GB/T 19557.4—2018) 中的标准流程，在大豆不同生育时期对各性状进行田间调查，同时也需要对生长过程中的相关情况进行记录，如发病情况、虫害情况、鼠害情况等。对于收获之后的籽粒性状等室内观测性状，需要在上午阳光充足的室内，光线明亮的地方进行观测，避免光线昏暗导致的颜色性状不好区分等问题。观测过程中要多次使用标准品种的籽粒进行校正，以获得最佳观测结果。数量性状的调查采用人工测量的方式进行。所有调查数据及原始情况均用铅笔详细记录在性状调查账簿中，以利于长期保存。

3.3　收获

由于各大豆材料来自不同的生态区，因此采用分期收获的形式进行收获，即在每份材料的各自成熟期进行收获。收获分多次进行，收获时，要考虑各材料在生长过程中出现的相关情况。例如，该份材料在发育进程中出现过病害，一个小区内有正常表现的植株个体，也有异常表现的植株个体，此时应收获正常表现的植株个体，剔除异常表现的个体。在小区全部植株性状正常表达时，收获时应选择中间部分有代表性的材料，以避免边际效应带来的数据差异，同时避免缺少主茎等异常植株的采样。

3.4　照片拍摄

测试过程中需要对材料进行描述的照片，应能够最大程度地反映该材料最多的性状信息，更直观也便于后期追溯。大豆的描述照片通常为3张，即叶片照片、成熟期小区照片以及荚果和籽粒照片。这3张照片基本能反映该大豆材料的主要性状。关于叶片的拍摄，当遇到大风或冰雹等极端天气导致无法进行完整叶片拍摄时，可以采用全小区拍摄的形式展示叶片照片。大豆不需要提供花的照片，因为大豆的花色基本分为白花和紫花，紫花虽然存在颜色深浅的差异，但在调查过程中，花色深浅的差异调查不容易肉眼识别。因此，测试指南中只对花色划分了白花和紫花，这种特别明显的差异可以不用照片来反映，调查直接给出就很清楚了。

示例1：叶片的拍摄。

（1）拍摄时期：开花盛期。

（2）拍摄地点与时间：田间或使用摄影箱，8点至15点。

（3）拍摄前准备：选取有代表性的大豆叶片（植株的第8～10节三出复叶），平放在背景布上拍摄，阳光强烈时需要遮光伞遮光拍摄，阴天或多云天气的上午拍摄效果更好。

（4）拍摄背景：中性灰背景。

（5）拍摄技术要求：

a.分辨率：1 024×768以上。

b.光线：充足柔和的自然光。

c.拍摄角度：垂直拍摄。

d.拍摄模式：程序自动模式(P模式)。

e.白平衡：自定义。

f.物距：30cm左右。

g.相机固定方式：手持或三脚架。

h.注意事项：选择无风或微风天气，叶片尽量平整。

示例2：小区的拍摄。

（1）拍摄时期：完全成熟期。

（2）拍摄地点与时间：实验地，9点至11点或14点至15点。

（3）拍摄前准备：田间小区。

（4）拍摄背景：自然背景。

（5）拍摄技术要求：

a.分辨率：1 024×768以上。

b.光线：充足柔和的自然光。

c.拍摄角度：镜头呈45度角倾斜拍摄。

d.拍摄模式：程序自动模式(P模式)。

e.白平衡：自定义。

f.物距：30 cm左右。

g.相机固定方式：手持或三脚架。

h.注意事项：小区拍摄尽量选择阴天或多云天气。晴天拍摄时，避免逆光拍摄。当植株较矮时，相机镜头向下倾斜；当植株较高时，相机镜头向上抬起。尽量避免小区外或其他小区景物入镜，尽量放大目标为准。当植株太高无法避免其他景物入镜时，可以选择拍摄部分小区。

示例3：荚果、籽粒的拍摄。

（1）拍摄时期：完全成熟期。

（2）拍摄地点与时间：摄影棚或摄影室，8点至15点。

（3）拍摄前准备：选取有代表性的大豆籽粒和荚果。籽粒盛放于培养皿中，平放在背景布上拍摄。

（4）拍摄背景：中性灰背景。

（5）拍摄技术要求：

a.分辨率：1 024×768以上。

b.光线：充足柔和的自然光。

c.拍摄角度：垂直拍摄。

d.拍摄模式：程序自动模式(P模式)。

e.白平衡：自定义。

f.物距：30cm左右。

g.相机固定方式：手持或三脚架。

h.注意事项：靠近荚果一侧加竖标尺。

3.5 照片的命名及冲洗

在获得比较理想的照片之后，对照片逐一进行命名，给挑选出的照片命名为小区编号或者测试编号，再使用Photoshop软件或者合适的图片处理软件在照片内部中下方位置，尽量避免遮挡所拍摄的主体，写上测试编号，文字大小根据照片大小和照片中拍摄主体大小而定，比例尽量协调，为了使同一品种各部位照片中文字的大小一致，在写文字之前，对每张照片进行同比例的缩放，然后使用相同字号和字体的文字格式进行测试编号填写。最后使用照片压缩工具，将所有照片压缩30%～40%，压缩比例不可太大，否则照片会模糊。压缩后的照片在上传办公系统时会更加顺利，当不用压缩上传也很顺利时，可选择不压缩。

将处理好的照片送到专业的照片冲洗机构进行冲洗，建议选择新华社等专业机构。见图1-14叶片、图1-15小区、图1-16荚果和籽粒。

图1-14 叶 片

图1-15 小 区

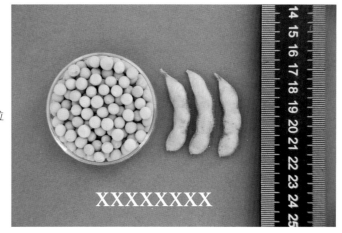

图1-16 荚果和籽粒

4 田间管理

　　按当地大田生产管理方式进行。各小区田间管理应严格一致，同一管理措施应当日完成。对于每次田间管理工作，要进行常规记录，记录表格式参照表1-3，可以将该记录表订制在田间观测性状账簿之后。

表1-3　田间管理记录表

日期	管理内容名称
××××年10月	耙地、起垄
××××年5月初	播种：垄上人工开沟，人工点播，播种后镇压一次
××××年5月下旬	田间第一遍人工除草
××××年6月上旬	中耕除草
××××年6月中下旬	田间第二遍人工除草
××××年6月底	深松起垄
××××年7月初	人工除草
……	……

4.1　除草

　　播种镇压完毕后，使用除草剂进行封闭除草。除草剂使用植保专家推荐的药剂，用量按照使用说明或遵照植保专家建议，也可以咨询有经验的农民推荐的药剂或用量。大豆出苗之后，如果封闭药剂除草效果较差、杂草较多，可能影响大豆生长时，可以采用人工除草。对于DUS测试来说，大豆出苗之后不建议使用苗后除草剂。因为一些药剂可能会影响大豆的生长发育，产生药害时大豆要很长时间才能恢复正常生长。在大豆生育进程中，要进行多次人工除草，以保证大豆充分生长。

4.2　病虫害防治

　　对于生长过程中出现的病害和虫害，如果较重，可能影响大豆性状正常表达时，需要进行病虫害防治处理；当病虫害很轻，不影响大豆性状正常表达时，不需要进行病虫害防治处理。

4.3　中耕

在大豆生长前期，株高还没有达到中耕动力机械底盘高度之前，至少进行一次中耕。一般中耕深度在18～22cm，在北方高寒高纬度地区，一般在6月中旬左右进行，其他地区根据播种时期的不同进行调整。中耕除能除草之外，还可以提高土层温度、增加土壤通气性、调节肥水，使大豆生长更好、性状表达更充分。中耕也对后期大豆倒伏有很好的抑制作用。

5　性状观测（性状数据采集）

依据《植物品种特异性、一致性和稳定性测试指南　大豆》总体要求，参照本操作手册，开展品种性状观测工作。测试数据填写到事先制定好的"××××年大豆目测性状调查表"和"××××年大豆测量性状调查表"中。在指南规定的时期内，对材料进行性状观测和测量，同时做好其他数据记录和工作记录。对需要拍摄的性状照片，按照《大豆DUS测试性状照片拍摄技术规程》的要求进行拍照并保存。

在测试指南中，性状分为基本性状和选测性状。基本性状是测试中必须调查的性状，基本性状分为三类，即质量性状（QL）、数量性状（QN）和假质量性状（PQ）。指南中规定对性状的调查采用以下四种方法：群体目测（VG）、个体目测（VS）、群体测量（MG）和个体测量（MS）。

（1）群体测量。对一批植株或植株的某器官或部位进行测量，获得一个群体记录。

（2）个体测量。对一批植株或植株的某器官或部位进行逐个测量，获得一组个体记录。

（3）群体目测。对一批植株或植株的某器官或部位进行目测，获得一个群体记录。

（4）个体目测。对一批植株或植株的某器官或部位进行逐个目测，获得一组个体记录。

选测性状一般不进行调查，但当基本性状无法满足特异性判定时，经申请人特别提出，可加测选测性状。

6　特异性、一致性和稳定性结果的判定

6.1　总体原则

特异性、一致性和稳定性的判定按照GB/T 19557.1—2018确定的原则进行。

6.2　特异性的判定

申请品种应明显区别于所有已知品种。在测试中，当申请品种至少在一个性状上与近似品种具有明显且可重现的差异时，即可判定申请品种具备特异性。特别是，对于社会委托测试，当第二次近似品种筛选结束后，申请品种与近似品种进行相邻法田间种植，在该生长周期，如果申请品种与近似品种的田间表现有明显差异时，判定具备特异性；但当申请品种与第二次筛选到的近似品种田间表现差异不明显，无法判定是否具备特异性时，通知申请人，征求申请人意见，是否进行第三生长周期测试。如果申请人选择不进行第三周期测试，则判定该材料不具备特异性或不做特异性判定；如果申请人选择续测，根据第三生长周期调查结果，核对申请品种与近似品种是否在两个生长周期内具备明显且可重现的差异，根据测试结果，对申请品种做出是否具备特异性的判定。

6.3　一致性的判定

对于常规种，一致性判定时，采用0.5%的群体标准和至少95%的接受概率。判定标准参照UPOV TGP8文本中对异型株法的规定。例如，当样本大小为72 ~ 164株时，最多允许有2株异型株，当样本大小为165 ~ 274株时，最多允许有3株异型株，当样本大小为275 ~ 395株时，最多允许有4株异型株。

对于杂交种，采用5%的群体标准和至少95%的接受概率，判定标准参照UPOV TGP8文本中对异型株法的规定。例如，当样本大小为126 ~ 140株时，最多允许有11株异型株，当样本大小为141 ~ 155株时，最多允许有12株异型株，当样本大小为269 ~ 284株时，最多允许有20株异型株，当样本大小为285 ~ 300株时，最多允许有21株异型株。

6.4 稳定性的判定

如果一个品种具备一致性，则可认为该品种具备稳定性。一般不对稳定性进行测试。

必要时，可以种植该品种的下一代种子，与以前提供的繁殖材料相比，若性状表达无明显变化，则可判定该品种具备稳定性。

对于杂交种，除直接对杂交种本身进行测试外，还可以通过测试其亲本的一致性或稳定性的方法进行判定。

7 测试报告编制

根据数据分析结果，结合测试过程中有关品种表现的详细记录，对测试品种的特异性、一致性和稳定性进行判定和评价，编制"植物品种特异性、一致性和稳定性测试报告"，相关人员签字和盖章后，上报农业农村部植物新品种保护办公室。

8 收获物处理

当田间测试结束后，除去收回来用于后期荚果和籽粒的观测材料外，要对其他测试材料进行混收销毁，以避免测试材料的流失。

9 资料归档

测试工作要实事求是，测试过程中产生的一切数据、文字、图像等纸质或电子版资料，都应及时整理归档，包括测试任务书、种子接收单、种子田间排列单、田间种植平面图、实验方案、栽培管理记录、性状测试（数据采集）记录表、测试工作总结、图像资料以及其他相关资料。

10 问题反馈

　　若测试过程中出现了问题，应及时向主管部门反馈，征求处理意见。例如，当发生测试种子发放错误、播种后出苗率低、植株不能正常生长、自然灾害、实验材料或数据记录丢失等情况，要及时汇报，尽早采取补救措施。

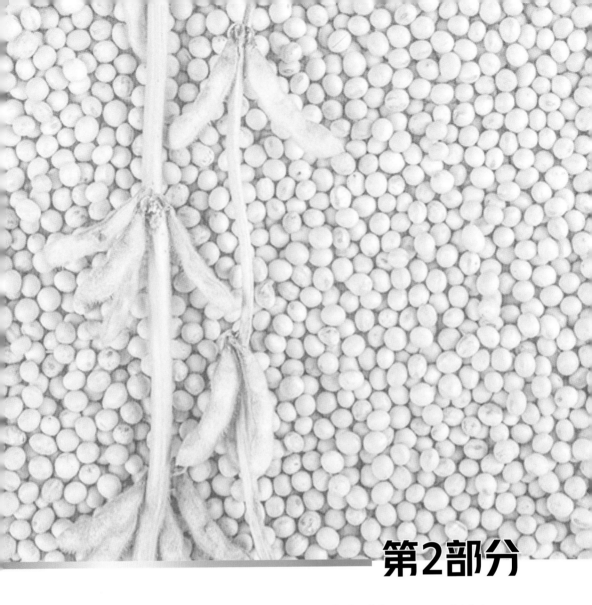

第2部分

基本性状观测说明

1 大豆生育阶段表

表2-1 大豆生育阶段

生育阶段代码	描　述
\multicolumn{2}{萌发期}	
00	干种子
09	子叶露出地面
幼苗期	
11	第一对真叶展开
12	第一三出复叶展开
13	第二三出复叶展开
19	第八三出复叶展开
分枝期	
21	第一个一级分枝出现
22	第二个一级分枝出现
29	第九个或以后的一级分枝出现
主茎花序形成期	
51	第一个花蕾出现
55	第一个花蕾膨大
59	可见第一朵花的花瓣，但花未开放
开花期	
61	约10%的植株第一朵花开放
62	约20%的植株花朵开放
63	约30%的植株花朵开放
64	约40%的植株花朵开放
65	约50%的植株花朵开放
66	约60%的植株花朵开放
67	开花数下降（有限结荚习性品种）

（续）

生育阶段代码	描　　述
69	终花，可见第一个荚，长度约5mm（有限结荚习性品种）
	荚果和种子发育期
71	约10%的荚达到长度15～20mm，荚果发育始期
72	约20%的荚达到长度15～20mm
73	约30%的荚达到长度15～20mm，鼓粒初期
74	约40%的荚达到长度15～20mm
75	约50%的荚达到长度15～20mm，鼓粒盛期
77	约70%的荚达到长度15～20mm，鼓粒后期
79	几乎所有荚果的长度达到15～20mm，满粒期
	成熟期
81	成熟始期，约10%的荚果成熟，荚皮逐渐变色，籽粒逐渐脱水
82	约20%的荚果成熟，20%的荚皮呈成熟色，籽粒逐渐脱水
85	成熟中期，约50%的荚果成熟，50%的荚皮呈成熟色，籽粒逐渐脱水
88	约80%的荚果成熟，80%的荚皮呈成熟色，籽粒逐渐脱水
89	完熟：95%的荚果成熟，95%的荚皮呈成熟色（褐色、黑色或草黄色等），豆荚摇铃，籽粒水分降到12%以下，此时为收获期

2　性状观测说明

　　文中给出的标准品种均为参照作用，在不同生态区可能会有不同表现。测量性状分级标准要根据各自生态区不同实际情况以及同一生态区不同年份进行调整。

　　出苗期：当子叶展开时称为出苗，当田间半数以上子叶出土即为出苗期。

　　开花期：从出苗开始至群体10%的植株第一朵花开放的天数。

　　成熟期：从出苗开始至群体完全成熟的天数。

2.1　性状1　下胚轴：花青苷显色（QL）

　　（1）栽培方法：按照实验设计要求正常种植。

（2）观测时期：幼苗期，单叶展开至主茎第一节复叶全展。

（3）观测部位：下胚轴。

（4）观测方法：群体目测，对照标准品种和分级标准（表2-2），如果不一致，调查典型株和异型株数量。

（5）观测量：整个小区。

表2-2 下胚轴花青苷显色分级

级别	无	有
代码	1	9
标准品种	六月黄、黑农37	晋豆8号、吉林20
参考图片		

1无　　　　　　　9有

2.2 性状2 下胚轴：花青苷显色（QN）

（1）栽培方法：按照实验设计要求正常种植。

（2）观测时期：幼苗期，单叶展开至主茎第一节复叶全展。

（3）观测部位：下胚轴。

（4）观测方法：群体目测，对照标准品种和分级标准（表2-3），如果不一致，调查典型株和异型株数量。

（5）观测量：整个小区。

表2-3　下胚轴花青苷显色强度分级

级别	弱	中	强
代码	3	5	7
标准品种	—	绥农Ⅲ	齐农50
参考图片			

3 弱　　　　5 中　　　　7 强

2.3　性状3　茎：茸毛颜色（QL）

（1）栽培方法：按照实验设计要求正常种植。

（2）观测时期：开花盛期至成熟期（表2-1大豆生育阶段第65～85）。

（3）观测部位：主茎。

（4）观测方法：群体目测，对照标准品种和分级标准（表2-4），如果不一致，调查典型株和异型株数量。

（5）观测量：整个小区。

表2-4　茎茸毛颜色分级

类别	灰色	棕色
代码	1	2
标准品种	中黄4号、合丰25	中品661、东农36
参考图片		

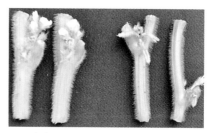

1 灰色　　　　2 棕色

2.4 性状4 茎：茸毛密度（QN）

（1）栽培方法：按照实验设计要求正常种植。

（2）观测时期：开花盛期至成熟期（表2-1大豆生育阶段第65～85）。

（3）观测部位：主茎中上部完全伸长节间。

（4）观测方法：群体目测，对照标准品种和分级标准（表2-5），如果不一致，调查典型株和异型株数量。

（5）观测量：整个小区。

表2-5 茎茸毛密度分级

类别	疏	中	密
代码	3	5	7
标准品种	国育100-4、铁丰20	七月黄黑豆、耐阴黑豆	文丰8号、吉林20
参考图片	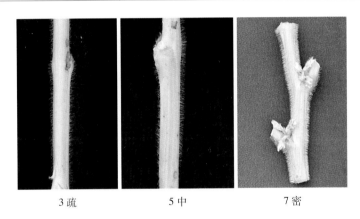		
	3 疏	5 中	7 密

2.5 性状5 复叶：小叶形状（PQ）

（1）栽培方法：按照实验设计要求正常种植。

（2）观测时期：开花盛期至荚果和种子发育期（表2-1大豆生育阶段第65～75）。

（3）观测部位：植株中上部第8～10节复叶的中间小叶。

（4）观测方法：群体目测，按照性状图片所示形状和分级标准（表2-6）进行分类，如果有不一致，调查典型株和异型株数量。

（5）观测量：整个群体。

表2-6　复叶小叶形状分级

级别	披针形	三角形	尖卵形	圆卵形
代码	1	2	3	4
标准品种	中作选03、合丰25	红丰2号、东农42	中黄4号、东农L13	广安小冬豆、鲁豆10号
参考图片	 1 披针形　　2 三角形　　3 尖卵形　　4 圆卵形  1 披针形　　2 三角形　　3 尖卵形　　4 圆卵形			

2.6　性状6　复叶：小叶数（QN）

（1）栽培方法：按照实验设计要求正常种植。
（2）观测时期：开花盛期（表2-1大豆生育阶段第65）。
（3）观测部位：植株中上部第8～10节复叶。
（4）观测方法：群体目测，对照标准品种和分级标准（表2-7）。
（5）观测量：整个群体。

表2-7　复叶小叶数量分级

级别	三小叶	五小叶	多小叶
代码	1	2	3
标准品种	中黄4号、合丰25	中黄3号	T2559

（续）

级别	三小叶	五小叶	多小叶
参考图片	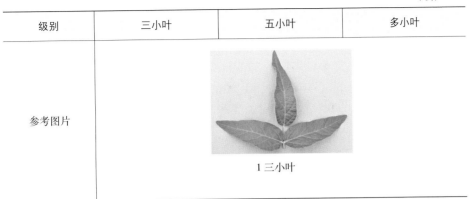 1 三小叶		

注意事项：如果同一品种植株间有不同的小叶数，则观测20株，计算其平均值，通常平均值为3～4个的为三小叶，在4～5个之间的为五小叶，多于5个的为多小叶，东北地区的大豆叶基本都是三小叶（该性状在GB19557.4—2018版本的测试指南中，代码分级标准与本手册略有不同，当依据GB19557.4—2018版本进行调查时，以GB19557.4—2018版本的代码分级标准为准）。

2.7 性状7 叶片：绿色程度（QN）

（1）栽培方法：按照实验设计要求正常种植。
（2）观测时期：开花盛期（表2-1大豆生育阶段第65）。
（3）观测部位：植株中上部叶片（第8～10节叶片）。
（4）观测方法：群体目测，对照标准品种和分级标准（表2-8），如果不一致，调查典型株和异型株数量。
（5）观测量：整个群体。

表2-8 叶片绿色程度分级

级别	浅	中	深
代码	3	5	7
标准品种	浙春3号、黑农37	耐阴黑豆	中作选03、中黄4号
参考图片	3浅	5中	7深

2.8　性状8　开花期（QN）

（1）栽培方法：按照实验设计要求正常种植。

（2）观测时期：开花盛期，50%以上花朵开放。

（3）观测部位：主茎及分枝。

（4）观测方法：群体观测，对照分级标准（表2-9），计算出苗至开花期日数。

（5）观测量：整个群体。

（6）性状分级：每年根据全部品种平均值进行微调，以平均值为中，两年平均值之差为常数，同方向增或减，使两年代码尽量一致。不同生态区根据各自实际情况进行调整。

表2-9　开花期分级

出苗至开花日数 (d)	≤25	26～28	29～31	32～34	35～37	38～40	41～43	44～46	≥47
级别	极早	极早到早	早	早到中	中	中到晚	晚	晚到极晚	极晚
代码	1	2	3	4	5	6	7	8	9
标准品种	黑河35	黑河18	合丰25	吉林35	中黄6号	跃进5号	中豆24	南农493-1、采梦豆5号	科合202

2.9　性状9　花：花冠颜色（QL）

（1）栽培方法：按照实验设计要求正常种植。

（2）观测时期：开花盛期，约60%花朵开放。

（3）观测部位：植株中上部。

（4）观测方法：群体目测，对照标准品种和分级标准（表2-10），如果不一致，调查典型株和异型株数量。

（5）观测量：观察整个群体。

表2-10　花冠颜色分级

级别	白色	紫色
代码	1	2
标准品种	黑农37、东农L13	早熟18、中黄4号

（续）

级别	白色	紫色
参考图片		
	1 白色	2 紫色

2.10 性状10 植株：分枝数量（QN）（仅适用于有分枝品种）

（1）栽培方法：按照实验设计要求正常种植。

（2）观测时期：成熟期（表2-1大豆生育阶段第81～89）。

（3）观测部位：主茎上的分枝。具有1个或1个以上的节且结有豆荚的一级分枝方可计入分枝数。

（4）观测方法：个体测量，对照分级标准（表2-11）。

（5）观测量：20株，计算平均值。

（6）性状分级：每年根据全部品种平均值进行微调，以平均值为中，两年平均值之差为常数，同方向增或减，使两年代码尽量一致。不同生态区根据各自实际情况进行调整。

表2-11 分枝数分级

分枝数（个）	0～2	3～4	5～6	7～8	9～10	11～12	13～14	15～16	≥17
级别	极少	极少到少	少	少到中	中	中到多	多	多到极多	极多
代码	1	2	3	4	5	6	7	8	9
标准品种	—	—	中作选03	—	浙春3号	—	花腿大豆、耐阴黑豆		

2.11 性状11 植株：分枝与主茎夹角（QN）（仅适用于有分枝品种）

（1）栽培方法：按照实验设计要求正常种植。

（2）观测时期：成熟期，落叶品种叶片完全脱落之后。

（3）观测部位：主茎和分枝。

（4）观测方法：群体目测。观测主茎与分枝的夹角，对照标准品种和分级标准（表2-12）。

（5）观测量：以大多数为准，当品种分枝极少，不足以达到20株时，观测全部有分枝个体。

表2-12　分枝与主茎夹角分级

级别	小	中	大
代码	3	5	7
标准品种	中作选03、早熟18	鲁豆10号、耐阴黑豆	牛腰齐、浙春3号
参考图片			

1 极小　　3 小　　5 中　　7 大　　9 极大

2.12　性状12　植株：高度（QN）

（1）栽培方法：按照实验设计要求正常种植。

（2）观测时期：成熟期（表2-1大豆生育阶段第85 ~ 89）。

（3）观测部位：主茎。

（4）观测方法：个体测量，对照分级标准（表2-13），测量子叶痕到主茎顶端生长点的长度。

（5）观测量：20株，计算平均值。

（6）性状分级：每年根据全部品种平均值进行调整，以平均值为中，两年平均值之差为常数，同方向增或减，使两年代码尽量一致。不同生态区根据各自情况进行分级调整。

表2-13　植株高度分级

株高(cm)	≤50	50.01 ~ 66	66.01 ~ 82	82.01 ~ 98	98.01 ~ 114	114.01 ~ 130	130.01 ~ 146	146.01 ~ 162	> 162
级别	极矮	极矮到矮	矮	矮到中	中	中到高	高	高到极高	极高
代码	1	2	3	4	5	6	7	8	9
标准品种	合农60	—	铁丰20 东农36	—	绥农14	—	东农L13	—	—

2.13 性状13 植株：结荚习性（QL）

（1）栽培方法：按照实验设计要求正常种植。

（2）观测时期：成熟期（表2-1大豆生育阶段第85～89）。

（3）观测部位：主茎顶端。

（4）观测方法：群体目测，对照分级标准（表2-14），如有不一致，观测20株，以小区为单位计算变异度或调查小区内异型株数量。

（5）观测量：整个群体。

表2-14 植株结荚习性分级

级别	有限	亚有限	亚有限到无限	无限
代码	1	2	3	4
标准品种	中作选03	吉林20、合丰25	—	早熟18、红丰2号

<table>
<tr><td rowspan="6">参考图片</td></tr>
</table>

有限结荚习性叶片　　有限结荚习性主茎顶
（顶端叶片最大）　　端（结荚成簇）及茎秆
　　　　　　　　　　　（上下几乎同粗）

1 有限

2 亚有限　　　　2 亚有限（可给3亚有限
　　　　　　　　　到无限进行区分）

4 无限

大豆结荚习性也称茎生长类型或茎端类型，属大豆品种不同生长、发育的外在表现，是大豆品种的主要特征特性之一，主要分为有限结荚习性、无限结荚习性和亚有限结荚习性三类。根据《植物品种特异性、一致性和稳定性测试指南 大豆》，测试指南中增加亚有限到无限型的主要目的是区分极其偏向于无限型而又不是典型无限型和典型亚有限的类型。从本质上，这种类型归属于亚有限当中，但在实际操作过程中，由于品种类型不同和环境条件的影响，在某些环境下，存在一种中间类型。现对此性状做进一步说明。

有限结荚习性：当主茎顶端出现一簇花后，茎的生长终结，由于茎秆的生长停止，顶端花簇能够获得较多的营养物质，顶端结荚密集，主茎顶端结荚成簇。叶柄一般较长，上部叶片最大，中下部叶较小，植株较矮，主茎和分枝粗壮，且分枝短于主茎，植株较紧凑。生育期短，始花期较晚，从茎中上部开始开花，然后向上、向下逐节开花，花期比较集中，营养生长与生殖生长并进时间短，这种类型的大豆具有较强的抗倒性。

无限结荚习性：植株高大，节间长，结荚分散，主茎顶端结荚稀少甚至没荚。中下部叶片较大，上部叶片小，始花期早，花序短，开花期长，由植株下部向上开花，开花后仍继续生长，主茎从下部向顶端逐渐变细。

亚有限结荚：介于前两者之间，偏于无限习性。主茎发达，上部节间变细，茎顶端通常有一个明显的花序，结荚2～3个。开花后，茎可继续生长一段时间再停止生长，植株较高，中上部叶片较大，植株下部和中下部叶较小，上部叶变小。

亚有限到无限：介于亚有限和无限之间，更偏向于无限，实际应归类为亚有限，但又与典型亚有限和无限有区别，为了区分，划归为亚有限到无限类别。

2.14　性状14　主茎：生长习性（PQ）

（1）栽培方法：按照实验设计要求正常种植。

（2）观测时期：成熟期。

（3）观测部位：主茎。

（4）观测方法：群体目测，对照分级标准（表2-15），如果不一致，调查典型株和异型株数量。

（5）观测量：整个群体。

表2-15 主茎生长习性分级

级别	直立	半直立	半蔓生	蔓生
代码	1	2	3	4
标准品种	中作选03、合丰25	湘春豆17	—	—

直立型：茎秆直立向上。

半直立型：一般植株较高大，通常半野生大豆或极少数无限结荚习性大豆属于此类。在肥水充足、高温多雨情况下，往往缠绕性增强，茎秆上部呈波状弯曲。

半蔓生：茎秆较细，主茎和分枝出现轻度爬蔓和缠绕。

蔓生型：一般野生大豆属于这一类型。这类大豆茎细长，节间长，分枝多，匍匐于地面生长或缠绕在其他植物上生长，茎可长达数米。

2.15 性状15 成熟期（QN）

（1）栽培方法：按照实验设计要求正常种植。

（2）观测时期：完熟期。全株有95%的豆荚变为成熟色的日期。

（3）观测部位：全株。

（4）观测方法：群体观测，对照分级标准（表2-16），计算出苗至成熟期日数。

（5）观测量：整个群体。

（6）性状分级：每年根据全部品种平均值进行调整，以平均值为中，两年平均值之差为常数，同方向增或减，使两年代码尽量一致。不同生态区根据各自实际情况进行调整。

表2-16 成熟期分级

出苗至成熟日数(d)	≤101	102～105	106～109	110～113	114～117	118～121	122～125	126～129	≥130
级别	极早	极早到早	早	早到中	中	中到晚	晚	晚到极晚	极晚
代码	1	2	3	4	5	6	7	8	9
标准品种	—	东农36	合丰25	吉林20	丹豆5号	豫豆18	南农1138-2	麻城猴子毛	—

2.16 性状16 主茎：节数（QN）

（1）栽培方法：按照实验设计要求正常种植。

（2）观测时期：完熟期。

（3）观测部位：主茎。

（4）观测方法：个体测量，对照分级标准（表2-17）。从子叶节算起，至主茎顶端（不包括顶端花序）的实际节数。

（5）观测量：20株，计算平均值。

（6）性状分级：每年根据全部品种平均值进行调整，以平均值为中，两年平均值之差为常数，同方向增或减，使两年代码尽量一致。不同生态区根据各自实际情况进行调整。

表2-17 主茎节数分级

节数量（个）	≤10.0	10.01 ～ 13	13.01 ～ 16	16.01 ～ 19	19.01 ～ 22	22.01 ～ 25	25.01 ～ 28	28.01 ～ 31	＞31
级别	极少	极少到少	少	少到中	中	中到多	多	多到极多	极多
代码	1	2	3	4	5	6	7	8	9
标准品种	—	中科毛豆2号	矮脚早	东农黑豆1号	绥农14	东农L13	中品661、晋豆6号	—	—

2.17 性状17 植株：底荚高度（QN）

（1）栽培方法：按照实验设计要求正常种植。

（2）观测时期：完熟期。

（3）观测部位：主茎和分枝。

（4）观测方法：个体测量，对照分级标准（表2-18）。测量从子叶痕到植株最低豆荚着生处的长度，以cm为单位。

（5）观测量：20株，计算平均值。

（6）性状分级：每年根据全部品种平均值进行调整，以平均值为中，两年平均值之差为常数，同方向增或减，使两年代码尽量一致。不同生态区根据各自实际情况进行调整。

表2-18 植株底荚高度分级

底荚高度 (cm)	0 ~ 6	6.01 ~ 10	10.01 ~ 14	14.01 ~ 18	18.01 ~ 22	22.01 ~ 26	26.01 ~ 30	30.01 ~ 34	> 34
级别	极低	极低到低	低	低到中	中	中到高	高	高到极高	极高
代码	1	2	3	4	5	6	7	8	9
标准品种	—	—	吉林20	—	合丰25、绥农14	—	东农42	—	—

2.18 性状18 植株：落叶性（QN）

（1）栽培方法：按照实验设计要求正常种植。

（2）观测时期：完熟期。

（3）观测部位：全株叶片。

（4）观测方法：群体目测，对照分级标准（表2-19）。如果不一致，统计各种类型的比例，观测成熟时脱落的小叶占总小叶的百分比，＜5%的为不落叶，5%~95%的为半落叶，＞95%的为落叶。

（5）观测量：整个群体。

表2-19 植株落叶性分级

级别	不落叶	半落叶	落叶
代码	1	2	3
标准品种	—	九研43	合丰25
参考图片	 2 半落叶	 3 落叶	

2.19 性状19 植株：荚果数量（QN）

（1）栽培方法：按照实验设计要求正常种植。

（2）观测时期：完熟期。

（3）观测部位：全株荚果。

（4）观测方法：个体测量，对照分级标准（表2-20）。测量单株有效荚数。

（5）观测量：20株，计算平均值。

（6）性状分级：每年根据全部品种平均值进行调整，以平均值为中，两年平均值之差为常数，同方向增或减，使两年代码尽量一致。不同生态区根据各自实际情况调整。

表2-20 植株荚果数量分级

荚果数量（个）	0 ～ 40	40.01 ～ 56	56.01 ～ 72	72.01 ～ 88	88.01 ～ 104	104.01 ～ 120	120.01 ～ 136	136.01 ～ 152	> 152
级别	极少	极少到少	少	少到中	中	中到多	多	多到极多	极多
代码	1	2	3	4	5	6	7	8	9

2.20 性状20 荚果：种子数量（QN）

（1）栽培方法：按照实验设计要求正常种植。

（2）观测时期：完熟期。

（3）观测部位：全株荚果。

（4）观测方法：对照分级标准（表2-21）。①个体测量。测量单株有效荚果的种子总数量，用种子总数量除以单株荚果数计算单荚种子数量。②群体观测。观测整个群体，根据植株单个荚果单粒荚、两粒荚、三粒荚、四粒荚、五粒荚的比例以及以往测量经验，判断荚粒数。通常荚粒数在2 ～ 3之间，极少数能够达到3以上。

（5）观测量：20株，计算平均值。

表2-21 荚果种子数量分级

荚果种子数（粒）	1 ～ 2	2.01 ～ 3	> 3
级别	少	中	多
代码	1	2	3

2.21　性状21　荚果：弯曲程度（PQ）

（1）栽培方法：按照实验设计要求正常种植。

（2）观测时期：完熟期。

（3）观测部位：主茎中上部荚果。

（4）观测方法：群体目测。对照标准品种和分级标准（表2-22），如果不一致，调查典型株和异型株数量进行观测。

（5）观测量：整个群体。

表2-22　荚果弯曲程度分级

级别	无或极弱	弱	中	强
代码	1	2	3	4
标准品种	湘春豆16	东农豆261	前进3号	耐阴黑豆
参考图片				

1 无或极弱　　2 弱　　3 中　　4 强

2.22　性状22　荚果：炸荚性（QN）

（1）栽培方法：按照实验设计要求正常种植。

（2）观测时期：完熟期。

（3）观测部位：全株荚果。

（4）观测方法：群体目测，对照分级标准（表2-23）。目测开裂荚果数占总有效荚果数的百分比。

（5）观测量：整个群体。

表2-23　荚果炸荚性分级

百分比（%）	＜5	5～10	11～20	21～40	41～55	56～70	71～80	81～90	＞90
级别	无或极轻	无或极轻到轻	轻	轻到中	中	中到重	重	重到极重	极重
代码	1	2	3	4	5	6	7	8	9

注：有些材料在完熟后期也会显示炸荚性，可作为选测性状进行记录。

2.23　性状23　荚果：颜色（PQ）

（1）栽培方法：按照实验设计要求正常种植。

（2）观测时期：完熟期。

（3）观测部位：植株中上部荚果（第8～10节）。

（4）观测方法：群体目测，对照标准品种和分级标准（表2-24），如果不一致，调查典型株和异型株数量。当一个群体出现荚果两面不同颜色时，以朝向阳光一侧的颜色为观测面。

（5）观测量：整个群体。

表2-24　荚果颜色分级

级别	白黄色	浅黄色	浅褐色	中等褐色	深褐色	黑色
代码	1	2	3	4	5	6
标准品种	中黄9号	绥无腥豆1号	前进3号、东农L13	吉林35-191	文丰8号	科合203
参考图片			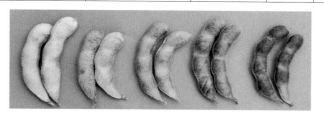 1 白黄色　2 浅黄色　3 浅褐色　4 中等褐色　5 深褐色  浅黄色　中等黄色　深黄色　浅棕色　中等棕色　深棕色  浅褐色　中等褐色　深褐色　浅黑色　深黑色			

注：以上根据GB19557.4—2018标准分级观测。在实际观测中，因为颜色是连续分布的，荚果颜色大致分为三个色系，分别为棕黄色系、褐色系和黑色系。在棕黄色系中，分为浅黄、中等黄色、深黄色、浅棕色、中等棕色、深棕色；在褐色系中，分为浅褐色、中等褐色、深褐色；黑色系目前观测有浅黑（全体照片不明显，见放大后照片）和深黑色，鉴于将来观测可能出现该色系的中等黑色，因此未来标准修订中可以增设中等黑色。

2.24　性状24　百粒重（QN）

（1）栽培方法：按照实验设计要求正常种植。

（2）观测时期：成熟收获后。

（3）观测部位：种子。

（4）观测方法：群体测量，对照分级标准（表2-25）。先测定种子的水分（方法见GB/T 3543.6），随机取100粒发育良好的种子，准确称重至0.01g，并换算为水分含量为12%时的重量。

（5）观测量：重复2次，计算平均值。

（6）性状分级：每年根据全部品种平均值进行调整，以平均值为中，两年平均值之差为常数，同方向增或减，使两年代码尽量一致。不同生态区根据各自实际情况调整。

表2-25　百粒重分级

百粒重（g）	0 ~ 10	10.01 ~ 13.8	13.801 ~ 17.6	17.601 ~ 21.4	21.401 ~ 25.2	25.201 ~ 29	29.01 ~ 32.8	32.801 ~ 36.6	> 36.6
级别	极低	极低到低	低	低到中	中	中到高	高	高到极高	极高
代码	1	2	3	4	5	6	7	8	9
标准品种	—	—	齐河小老鼠眼、东农691	吉林13、嫩江小粒	东农72-806、东农95019	铁丰20、东农42	晋大814、东农298	科特大粒、东农黑豆1号	—

2.25　性状25　种子：形状（PQ）

（1）栽培方法：按照实验设计要求正常种植。

（2）观测时期：成熟收获后。

（3）观测部位：种子。

（4）观测方法：群体目测，对照标准品种和分级标准（表2-26）。如果不一致，测试第二周期，小区内随机取单株20株，统计典型株和异型株数量，共统计两个小区，根据一致性判定标准进行判定。

（5）观测量：100粒。

表2-26　种子形状分级

级别	球形	椭球形	长椭球形	扁椭球形	肾形
代码	1	2	3	4	5
标准品种	早熟18号、东农42	中黄6号、东农92-19	豫豆10号、东农43	鲁豆10号、矮脚早	浙春3号
参考图片	 1 球形  3 长椭球形		 2 椭球形  4 扁椭球形		

2.26　性状26　种子：种皮颜色数量（QL）

（1）栽培方法：按照实验设计要求正常种植。

（2）观测时期：成熟收获后。

（3）观测部位：种子。

（4）观测方法：群体目测，对照标准品种和分级标准（表2-27）。如果不一致，测试第二周期，小区内随机取单株20株，统计典型株和异型株数量，共统计两个小区，根据一致性判定标准进行判定。

（5）观测量：50粒。

表2-27　种皮颜色数量分级

级别	单色	双色
代码	1	2

2.27　性状27　种子：种皮颜色（PQ）（仅适用于单色种皮品种）

（1）栽培方法：按照实验设计要求正常种植。

（2）观测时期：成熟收获后。

（3）观测部位：种子。

（4）观测方法：群体目测，对照标准品种和分级标准（表2-28）。如果不一致，测试第二周期，小区内随机取单株20株，统计典型株和异型株数量，共统计两个小区，根据一致性判定标准进行判定。

（5）观测量：50粒。

表2-28　种皮颜色分级

级别	白黄色	浅黄色	黄色	黄绿色	绿色	浅褐色	褐色	黑色
代码	1	2	3	4	5	6	7	8
标准品种	黑科93号	垦丰16	牡小粒豆1号	中科毛豆5号	大青豆、东农青豆1号	星农豆8号	中科毛豆2号	药黑豆、东农黑豆2号

参考图片

1 白黄色　　2 浅黄色　　　3 黄色　　7 褐色　　　3 黄色　　深黄色（目前归为3黄色）

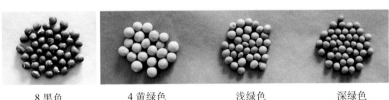

8 黑色　　　4 黄绿色　　　浅绿色（目前归为5绿色）　　深绿色（目前归为5绿色）

注：随着特用豆等种类的增多，在种皮颜色的划分上，应该重新进行代码的分级更新，目前的观测中，人眼可明显分辨的色系为黄色系、绿色系、褐色系和黑色系。黄色系至少应该划分为4类才能更好地区分各种类型，分别为浅黄色（目前归类为1白黄色）、中等黄色（目前归类为2浅黄色）、深黄色（目前归类为3黄色）和极深黄色（目前归类为3黄色）；绿色系应分为黄绿色、浅绿色和深绿色；褐色系应分为浅褐色、中等褐色和深褐色；黑色系目前只观测到黑色一种，鉴于测试指南不应频繁更改以避免给数据库的数据筛选带来困难，建议黑色系直接划分为浅黑色、中等黑色和深黑色。

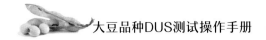

2.28 性状28 种子：种皮色斑类型（PQ）（仅适用于双色种皮品种）

（1）栽培方法：按照实验设计要求正常种植。

（2）观测时期：成熟收获后。

（3）观测部位：种子。

（4）观测方法：群体目测，对照标准品种和分级标准（表2-29）。如果不一致，测试第二周期，小区内随机取单株20株，统计典型株和异型株数量，共统计两个小区，根据一致性判定标准进行判定。

（5）观测量：50粒。

表2-29 种皮色斑类型分级

级别	虎斑状	鞍挂状	其他
代码	1	2	3
标准品种	花腿大豆	民勤鞍挂	科合203
参考图片	 2 鞍挂状	 3 其他	

2.29 性状29 种子：子叶颜色（PQ）

（1）栽培方法：按照实验设计要求正常种植。

（2）观测时期：成熟收获后。

（3）观测部位：种子。

（4）观测方法：群体目测，对照标准品种和分级标准（表2-30）。如果不一致，测试第二周期时，小区内随机取单株20株，统计典型株和异型株数量，共统计两个小区，根据一致性判定标准进行判定。

（5）观测量：50粒。

表2-30　种子子叶颜色分级

级别	黄色	黄绿色	绿色
代码	1	2	3
标准品种	中黄4号	东生227	中作选03

2.30　性状30　种脐：颜色（PQ）

（1）栽培方法：按照实验设计要求正常种植。

（2）观测时期：成熟收获后。

（3）观测部位：种脐。

（4）观测方法：群体目测，对照标准品种和分级标准（表2-31）。如果不一致，测试第二周期，小区内随机取单株20株，统计典型株和异型株数量，共统计两个小区，根据一致性判定标准进行判定。

（5）观测量：50粒。

表2-31　种脐颜色分级

级别	浅黄色	黄色	浅褐色	褐色	浅黑色	黑色
代码	1	2	3	4	5	6
标准品种	韦尔金	黑农63	绥豆2号	庆绿豆1号	东农豆129	东农豆261

参考图片

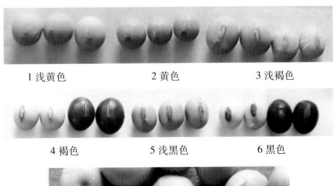

1 浅黄色　　2 黄色　　3 浅褐色

4 褐色　　5 浅黑色　　6 黑色

绿色

注：在近年来的测试材料中，还发现了种脐色为绿色的材料，见绿色性状图片。

2.31　性状31　种子：种皮开裂比率（QN）

（1）栽培方法：按照实验设计要求正常种植。

（2）观测时期：成熟收获后。

（3）观测部位：种皮。

（4）观测方法：群体目测，对照分级标准（表2-32）。去除因机械收获或虫咬等破损的种子，目测种皮开裂的种子数量占总数量的百分比。

（5）观测量：随机取100粒种子。

表2-32　种皮开裂比率分级

开裂比率（%）	＜5	15～25	40～60	70～80	90～100
级别	无或极低	低	中	高	极高
代码	1	3	5	7	9
标准品种	中黄7号、东农44	东农42	中黄4号、东农298	—	—

2.32　性状32　种子：种皮光泽（QL）

（1）栽培方法：按照实验设计要求正常种植。

（2）观测时期：成熟收获后。

（3）观测部位：种皮。

（4）观测方法：群体目测，对照标准品种和分级标准（表2-33）。如果不一致，测试第二周期，小区内随机取单株20株，统计典型株和异型株数量，共统计两个小区，根据一致性判定标准进行判定。

（5）观测量：50粒。

表2-33　种皮光泽分级

级别	无	有
代码	1	9
标准品种	中科毛豆1号	金源71

2.33　性状33　种子：粗蛋白含量（QN）

（1）栽培方法：按照实验设计要求正常种植。

（2）观测时期：成熟收获后。

（3）观测部位：种子。

（4）观测方法：群体测量，对照分级标准（表2-34）。根据GB/T 14489.2—1993油料粗蛋白质测定法所规定方法进行测定，以干基计。

（5）观测量：重复3次，计算平均值。

（6）性状分级：每年根据全部品种平均值进行调整，以平均值为中，两年平均值之差为常数，同方向增或减，使两年代码尽量一致。不同生态区根据各自实际情况调整。

表2-34 种子粗蛋白含量分级

种子粗蛋白含量（%）	< 36.0	36.1 ～ 37.5	37.6 ～ 38.5	38.6 ～ 40.0	40.1 ～ 41.5	41.6 ～ 42.0	42.1 ～ 43.5	43.6 ～ 44.0	> 48.0
级别	极低	极低到低	低	低到中	中	中到高	高	高到极高	极高
代码	1	2	3	4	5	6	7	8	9

2.34 性状34 种子：粗脂肪含量（QN）

（1）栽培方法：按照实验设计要求正常种植。

（2）观测时期：成熟收获后。

（3）观测部位：种子。

（4）观测方法：群体测量，对照分级标准（表2-35）。根据GB/T 14488.1—1993油料种子含油量测定法所规定的方法进行测定，以干基计。

（5）观测量：重复3次，计算平均值。

（6）性状分级：每年根据全部品种平均值进行调整，以平均值为中，两年平均值之差为常数，同方向增或减，使两年代码尽量一致。不同生态区根据各自实际情况调整。

表2-35 种子粗脂肪含量分级

种子粗脂肪含量（%）	< 17.0	17.1 ～ 18.0	18.1 ～ 19.0	19.1 ～ 20.0	20.1 ～ 21.0	21.1 ～ 22.0	22.1 ～ 23.0	23.1 ～ 24.0	> 24.0
级别	极低	极低到低	低	低到中	中	中到高	高	高到极高	极高
代码	1	2	3	4	5	6	7	8	9

2.35　性状35　抗性：大豆花叶病毒病（QN）

（1）栽培方法：在防虫网室内直播或盆栽，两片真叶时采用人工摩擦接种大豆花叶病毒。

（2）观测时期：开花期。

（3）观测部位：全株，以叶片和主茎顶端的反应为主。

（4）观测方法：群体目测。观测群体发病情况，对照分级标准（表2-36）。

（5）观测量：20～30株。

表2-36　对大豆花叶病毒病抗性分级

级别	分级标准	代码	标准品种
高感	叶片皱缩畸形，呈鸡爪状，全株僵缩矮化，或在叶片上发生系统性脉枯和枯斑，或发生严重顶芽枯死	1	合丰25
感	叶片有泡状隆起，叶缘卷缩，皱缩花叶，植株稍矮化	3	绥农14
中抗	叶片花叶或斑驳状明显，植株生长无明显异常	5	垦农4号
抗	叶片有轻微花叶或黄化斑驳（无脉枯），植株生长正常	7	东农93-046
高抗	叶片无症状或其他感病标志	9	东农92-070

2.36　性状36　抗性：大豆灰斑病（QN）

（1）栽培方法：按照实验设计要求正常种植。

（2）观测时期：结荚期。

（3）观测部位：叶片。

（4）观测方法：群体目测，对照分级标准（表2-37）。在开花期选傍晚或阴天用喷雾法接种，每隔7～10d接种一次，共接2～3次，接种一个月后，调查叶部发病情况。

（5）观测量：20～30株。

表2-37　对大豆灰斑病抗性分级

级别	分级标准	代码	标准品种
高感	植株普遍发病，叶片布满病斑，病斑直径3～6mm，占叶片面积51%以上，多数叶片因病提早枯死	1	黑农35

（续）

级别	分级标准	代码	标准品种
感	植株普遍发病，叶片病斑较多，病斑直径3mm左右，占叶面积21%～50%，部分叶片因病枯死	3	黑农39
中抗	植株大都发病，病斑直径2mm，病斑占叶面积6%～20%，叶片不枯死	5	合丰35
抗	植株少数叶片发病，病斑数量少，直径1～2mm，占叶片面积1%～5%	7	东农40567
高抗	植株叶片上无病斑或仅有少数植株叶片发病，病斑为枯死斑，直径在1mm以下，病斑面积占叶片面积1%以下	9	东农9674

2.37 性状37 抗性：大豆霜霉病（QN）

（1）栽培方法：按照实验设计要求正常种植，播种时在鉴定圃播种霜霉病粒诱发系统发病株作为感染行，诱发接种鉴定成株抗病性。

（2）观测时期：结荚期。

（3）观测部位：叶片。

（4）观测方法：群体目测，于发病盛期调查植株叶片发病情况，对照分级标准（表2-38）。

（5）观测量：整个鉴定品种群体。

表2-38 对大豆霜霉病抗性分级

级别	分级标准	代码
高感	扩展型病斑，病斑相连呈不规则形大型斑，占叶面积的51%以上	1
感	扩展型病斑，直径4mm以上，病斑约占叶面积21%～50%	3
中抗	病斑扩展，直径3～4mm，病斑约占叶面积6%～20%	5
抗	叶片上散生不规则形褪绿病斑，直径1～2mm，病斑约占叶面积1%～5%	7
高抗	叶片上无病斑或仅有少数局限型点状病斑，直径0.5mm以下，病斑占叶片面积的1%以下	9

2.38　性状38　抗性：大豆胞囊线虫（QN）

（1）栽培方法：种植于田间病圃或进行病土盆栽鉴定。

（2）观测时期：分枝期至开花期，在显囊盛期（出苗后35～45d）调查。

（3）观测部位：根部。

（4）观测方法：群体目测，目测每株根系上的胞囊数目，采用根系胞囊数目进行分级（表2-39）。

（5）观测量：30株。

表2-39　对大豆胞囊线虫抗性分级

级别	分级标准	代码
高感	单株胞囊数在30.1个以上，植株不结实，干枯死亡	1
感	单株胞囊数在10.1～30.0个之间，植株矮小，叶片发黄，结实少	3
中抗	单株胞囊数在3.1～10.0个之间，植株生长基本正常或部分矮黄	5
抗	单株胞囊数在0.1～3.0个之间，植株生长正常	7
高抗	单株胞囊数为0个，植株生长正常	9

2.39　性状39　抗性：细菌性斑点病（QN）

（1）栽培方法：按照实验设计要求正常种植。

（2）观测时期：开花盛期至结荚期。

（3）观测部位：叶片。

（4）观测方法：群体目测，对照分级标准（表2-40）。开花初期开始约7月上旬选小雨后傍晚进行人工接种1～2次，鉴定成株抗病性，于7月中、下旬和8月中、下旬分别调查鉴定材料叶部发病状况评价品种抗病性。

（5）观测量：30株。

表2-40　对细菌性斑点病抗性分级

级别	分级标准	代码
高感	病斑扩展，大块连片，占叶片面积26%以上，叶片萎蔫死亡	1
感	病斑不规则，扩展相连呈小片坏死斑，占叶片面积10%～25%	3
中抗	病斑散生，不规则形，直径2mm，约占面积6%～10%	5

级别	分级标准	代码
抗	病斑散生，较多局限型斑点，直径1mm左右，约占叶面积1%～5%	7
高抗	叶片无病斑或仅散生少量局限型褐色斑点，直径0.5mm左右，病斑面积约占叶面积1%以下	9

2.40　性状40　抗性：大豆锈病（QN）

（1）栽培方法：根据南方各地发病情况，分别设立秋播或冬播抗病鉴定圃。

（2）观测时期：开花盛期至结荚期。

（3）观测部位：植株中部叶片。

（4）观测方法：群体目测，对照分级标准（表2-41）。于发病盛期调查植株叶片发病情况。

（5）观测量：20～30株。

表2-41　对大豆锈病抗性分级

级别	分级标准	代码
高感	孢子堆密布，散生大量夏孢子，叶有枯萎或已有病叶脱落	1
感	孢子堆较多，黑褐色，孢子堆破裂产生大量夏孢子，孢子堆占叶面积31%～70%，叶色变黄	3
中抗	孢子堆少而分散，呈红褐色（感病型斑），仅少数孢子堆破裂，孢子堆占叶面积30%以下，叶色正常	5
抗	叶片上出现黑色针点状病斑（抗病型斑），不产孢，叶色正常	7
高抗	叶片上无病斑	9

2.41　性状41　抗性：大豆食心虫（QN）

（1）栽培方法：按照实验设计要求正常种植。

（2）观测时期：成熟收获后。

（3）观测部位：种子。

（4）观测方法：群体目测，对照分级标准（表2-42）。目测种子食心虫病率。

（5）观测量：200粒为一组，重复3次。

表2-42 对大豆食心虫抗性分类

分类	分类标准（虫食粒率%）		代码
	重发年份	轻发年份	
高感	> 30.1	> 15.1	1
感	20.1 ~ 30.0	10.1 ~ 15.0	3
中抗	15.1 ~ 20.0	5.1 ~ 10.0	5
抗	5.1 ~ 15.0	1.1 ~ 5.0	7
高抗	< 5.0	< 1.0	9

2.42 性状42 抗性：大豆蚜（QN）

（1）栽培方法：按照实验设计要求正常种植，采用田间自然被害鉴定和人工接虫鉴定。

（2）观测时期：大豆蚜发生盛期。

（3）观测部位：上部叶片及顶部嫩茎。

（4）观测方法：群体目测，对照分类标准（表2-43），记载蚜害状况。

（5）观测量：20 ~ 30株，重复2次。

表2-43 对大豆蚜抗性分类

分类	分类标准	代码
高感	全株蚜量极多，较多叶片卷曲，植株矮小	1
感	心叶及嫩茎布满蚜虫，心叶卷曲	3
中抗	心叶及嫩茎有较多蚜虫，但未卷叶	5
抗	植株上有零星蚜虫	7
高抗	全株无蚜虫	9

2.43 性状43 抗性：大豆荚螟（QN）

（1）栽培方法：按照实验设计要求正常种植。

（2）观测时期：成熟收获后。

（3）观测部位：种子。

（4）观测方法：群体目测，对照分类标准（表2-44），成熟收获后目测虫食率。

（5）观测量：100粒或200粒为一组，重复3次。

表2-44 对大豆荚螟抗性分类

分类	分类标准（虫食粒率%）		代码
	重发年份	轻发年份	
高感	＞30.1	＞15.1	1
感	20.1～30.0	10.1～15.0	3
中抗	15.1～20.0	5.1～10.0	5
抗	5.1～15.0	1.1～5.0	7
高抗	＜5.0	＜1.0	9

2.44 性状44 抗性：豆秆黑潜蝇（QN）

（1）栽培方法：按照实验设计要求正常种植。

（2）观测时期：花期自然虫源诱发，结荚期检查受害情况。在幼苗期遭受蝇害较重地区，于大豆单叶展开期进行调查。

（3）观测部位：主茎。

（4）观测方法：群体目测，对照分类标准（表2-45），剥开茎秆，目测单株主茎内的虫数。

（5）观测量：20～30株。

表2-45 对豆秆黑潜蝇抗性分类

分类	分类标准（主茎平均虫头数）			代码
	结荚期	单叶展开期		
		轻发生年	重发生年	
高感	＞4.51	＞0.31	＞0.41	1
感	3.11～4.50	0.21～0.30	0.31～0.40	3
中抗	1.91～3.00	0.11～0.20	0.21～0.30	5
抗	1.11～1.90	0.0～0.10	0.11～0.20	7
高抗	＜1.00	0.0	＜0.10	9

图书在版编目（CIP）数据

大豆品种DUS测试操作手册/李冬梅等著.—北京：
中国农业出版社，2022.8
ISBN 978-7-109-29749-4

Ⅰ.①大… Ⅱ.①李… Ⅲ.①大豆–品种特性–测试
技术–技术手册 Ⅳ.①S565.102.3–62

中国版本图书馆CIP数据核字（2022）第130274号

中国农业出版社出版

地址：北京市朝阳区麦子店街18号楼
邮编：100125
责任编辑：李 辉 刘 伟 杨晓改
版式设计：杜 然 责任校对：周丽芳 责任印制：王 宏
印刷：中农印务有限公司
版次：2022年8月第1版
印次：2022年8月北京第1次印刷
发行：新华书店北京发行所
开本：700mm×1000mm 1/16
印张：4.25
字数：105千字
定价：68.00元